LE CARNET

DE

PEINTRE EN VOITURES

OUVRAGE A L'USAGE DES CARROSSIERS

ILLUSTRÉ DE SOIXANTE ÉCHANTILLONS DE PEINTURES

RENFERMANT

LES PLUS BELLES PEINTURES EXÉCUTÉES DEPUIS QUARANTE ANS

Sans planches.

AVEC TEXTE COMPRENANT :

UNE DESCRIPTION D'ENSEMBLE SUR LA PEINTURE DES VOITURES, L'ORDRE ET LE NOMBRE DE COUCHES

POUR L'EXÉCUTION DE CHAQUE PEINTURE,

LA NATURE DES MATIÈRES ET LEURS PROPORTIONS POUR LES PEINTURES OÙ ELLES SONT MÉLANGÉES

PAR

BRICE THOMAS ET GASTELLIER

SECONDE ÉDITION

PARIS

BRICE THOMAS, BOULEVARD HAUSSMANN, 164

ET LES PRINCIPAUX LIBRAIRES DE LA FRANCE ET DE L'ÉTRANGER

1870

LE CARNET

DU

PEINTRE EN VOITURES

OUVRAGE A L'USAGE DES CARROSSIERS

ILLUSTRÉ DE SOIXANTE ÉCHANTILLONS DE PEINTURES

RENFERMANT

LES PLUS BELLES PEINTURES EXÉCUTÉES DEPUIS QUARANTE ANS

AVEC TEXTE COMPRENANT :

UNE DESCRIPTION D'ENSEMBLE SUR LA PEINTURE DES VOITURES, L'ORDRE ET LE NOMBRE DE COUCHES

POUR L'EXÉCUTION DE CHAQUE PEINTURE,

LA NATURE DES MATIÈRES ET LEURS PROPORTIONS POUR LES PEINTURES OU ELLES SONT MÉLANGÉES

PAR

BRICE THOMAS ET GASTELLIER

SECONDE ÉDITION

PARIS

BRICE THOMAS, BOULEVARD HAUSSMANN, 164

ET LES PRINCIPAUX LIBRAIRES DE LA FRANCE ET DE L'ÉTRANGER

1870

Droits de traduction réservés

©

INTRODUCTION.

Dans un ouvrage intitulé Manuel du peintre en équipages, M. Gastellier a enseigné l'art d'exécuter la peinture des voitures. Le Carnet du peintre en voitures, composé d'échantillons exécutés par le même auteur, vient, comme supplément, compléter cet ouvrage.

Le premier est un traité méthodique qui s'adresse particulièrement aux industriels de la carrosserie et plus spécialement aux peintres en voitures. Le second en est l'illustration, car il renferme cinquante-six échantillons des plus belles peintures qui aient été exécutées depuis quarante ans. Sous ce rapport, le Carnet du peintre en voitures s'adresse non-seulement aux industriels de la carrosserie, mais à tous ceux que la peinture des voitures intéresse.

Dans ces cinquante-six échantillons il y a des nuances de peinture que l'on exécute peu comme fond ; tels sont les rouges n°s 21, 22, 23 et 24, les violets n°s 25 et 26, le bleu n° 27, les verts d'eau et le vert pomme n°s 33, 34, 35 et 36 et le brun n° 49. Mais ces nuances sont souvent employées dans les réchampis et c'est pourquoi nous en avons donné les échantillons.

L'origine des échantillons de peinture, comme ceux que renferme l'album ci-joint, date du 15 juillet 1859, époque à laquelle ils ont commencé de paraître dans le *Guide du Carrossier*. C'est M. Gastellier qui en est l'inventeur, et l'on voit jusqu'à quel degré de perfection il est parvenu à les exécuter.

Dans cet ouvrage nous avons indiqué sommairement l'ordre et le nombre de couches qu'il faut appliquer pour la réussite de chaque peinture : la nature des matières et leurs proportions pour les peintures où elles sont mélangées.

Avec ces indications il sera facile de reproduire exactement la nuance de nos échantillons ou de faire des nuances intermédiaires, puisqu'il n'y aura qu'à changer les proportions ou à ajouter d'autres matières dont on connaît les nuances.

Nous avons distribué les réchampis de plusieurs manières et choisi les couleurs qui s'harmonisent le mieux avec les fonds, tout en les variant le plus possible.

Pour conserver à chaque fond sa nuance intrinsèque, qui dans cet ouvrage se trouve modifiée par la réflexion de diverses couleurs, nous avions d'abord exécuté tous les réchampis en noir ; mais cette uniformité paraissait trop monotone ; nous avons dû y renoncer.

Enfin, pour rendre ce *Carnet* aussi complet que possible, nous avons donné les échantillons pour les couches d'impression, d'apprêt et premières couches de fond.

Matières et liquides. — Les matières qui ont servi à l'exécution des soixante échantillons de cet ouvrage comportent à peu près toutes celles employées jusqu'à ce jour dans la peinture des voitures. Nous les désignons sous les noms connus dans le commerce de Paris et nous donnons plus loin leur prix approximatif, à l'exception des laques et des liquides dont les cours sont trop variables.

Pour broyer et détremper les matières, on emploie l'huile de lin, l'essence de térébenthine, les vernis et le siccatif. On trouvera dans le *Manuel* de M. Gastellier des instructions pour l'emploi de ces liquides avec toutes sortes de matières et en toutes saisons.

COMMENT ON EXÉCUTE LA PEINTURE DES VOITURES.

L'exécution d'une belle et bonne peinture pour une voiture de luxe demande l'application successive de douze à quinze couches que l'on désigne sous les noms de couches d'impression, couches d'apprêt, couches de teinte, de glacis et de vernis, sans y comprendre les réchampissages.

Couches d'impression. — Les premières couches, dites couches d'impression, ce qui veut dire préparer pour recevoir la peinture, sont composées ainsi que notre n° 1, de blanc de plomb et d'huile de lin qui, mélangés ensemble, forment ce que l'on appelle le *blanc de céruse* dont les grandes qualités de ténacité et d'élasticité, l'ont fait préférer à toutes les autres matières pour former la base des peintures.

On donne aux petites voitures une seule couche d'impression sur les trains, deux couches sur les panneaux en bois de la caisse et sur les cuirs qui recouvrent les panneaux; encore, sur tous les cuirs où l'on exécute des peintures, il serait préférable, en raison de leur nature spongieuse, d'y appliquer trois couches d'impression. Aux trains de grandes voitures dont les bois ont d'assez grandes surfaces pour mériter des apprêts, on donne aussi deux couches d'impression.

Sur les panneaux qui doivent être recouverts par des cuirs on donne une seule couche de peinture; on emploie pour cela et par économie des restes de couleurs; mais dans tous les cas il faut éviter les matières terreuses et avoir soin que cette couche soit bien nourrie d'huile afin d'empêcher l'humidité que renferme le cuir et la colle qui sert à son application, de pénétrer dans les pores des bois que cette couche de peinture recouvre.

Dans l'intérieur des caisses, à toutes les parties recouvertes par les garnitures, on donne également une couche avec des restes de couleurs dont le mélange produit ordinairement une nuance olive plus ou moins foncée. Mais à toutes les autres parties qui ne sont pas recouvertes par la garniture, telles que les intérieurs de coffre, on y exécute une peinture en gris noisette afin d'y donner de la clarté. L'exécution de cette peinture demande l'application de deux couches, la première en blanc de céruse et la seconde en gris noisette (1).

(1) On obtient le gris noisette en ajoutant une parcelle d'ocre jaune et une pointe de noir de fumée dans du blanc de céruse.

Couches d'apprêt. — Les couches d'apprêt, composées comme notre n° 2, sont destinées à former une épaisseur suffisante sur les surfaces où on les applique pour que l'on puisse y exécuter les ponçages sans atteindre les parties qu'elles recouvrent. Il faut sur les bois huit à dix couches d'apprêt et deux de plus sur les cuirs.

Ponçage. — L'objet du ponçage que l'on exécute sur les couches d'apprêt lorsqu'elles sont arrivées à un état de siccité parfaite, est d'unir les surfaces le mieux qu'il soit possible, en enlevant toutes les aspérités et toutes les ondulations qui s'y trouvent : on se sert pour cela de pierre ponce.

Couches de teinte. — Quand la voiture est poncée, on y applique les couches de teinte ainsi nommées parce que ce sont elles qui donnent au fond la couleur qu'il doit avoir. La première ou les deux premières doivent être entièrement ou presque entièrement composées de blanc de céruse, pour former une nouvelle base solide afin d'allier fortement les couches de teintes avec les couches d'apprêt dont le ponçage enlève une grande partie.

La grande majorité des peintres en voitures donnent une couche de noir, par économie sans doute, à la place de l'une de celles que nous venons d'indiquer. Suivant nous, le noir ne peut valoir le blanc de céruse ; il ne remplit pas, comme ce dernier, les pores des apprêts qui, restant ouverts, absorbent une partie des couleurs et des vernis et produisent ces ondulations que l'on remarque à la surface de beaucoup de peintures.

Notre n° 1 qui sert pour les couches d'impression sert également pour les premières couches de teinte des fonds clairs, soit blanc, gris perle ou jaune ; mais pour les autres fonds on dispose cette première couche à la nuance de la peinture. Ainsi, pour les rouges, on ajoute un peu de vermillon dans le blanc de céruse comme nous l'avons fait au n° 4 et pour les violets, les bleus, les verts, les bruns et les noirs, c'est-à-dire toutes les peintures foncées, on ajoute un peu de noir de fumée comme notre n° 3, mais dans une très-faible proportion, afin de ne pas altérer la qualité du blanc de céruse.

C'est sur la première couche de fond que l'on exécute les mastics. Après quoi on applique les autres couches comme il est dit pour chaque numéro.

A l'exception des rouges, qui ne sont ordinairement employés que pour les trains, toutes les autres peintures sont décrites pour faire un fond de caisse. On pourra donc comme aux rouges supprimer une ou deux couches lorsqu'il s'agira d'exécuter un fond sur un train.

Les peintures foncées couvrant davantage que les peintures claires, il faut moins de couches pour leur exécution.

Nous avons indiqué un nombre de couches pour chaque peinture, mais nous nous empressons de déclarer que toutes ces couches ne sont pas absolument nécessaires à leur exécution ; que la qualité des matières, la bonne exécution des ponçages, le degré de détrempe et même la main de l'exécutant peuvent en modifier le nombre. Quand, par exemple, deux couches couvrent suffisamment il est inutile d'en appliquer une troisième. Conséquemment si trois couches ne suffisaient pas il faudrait en appliquer une quatrième.

Toutefois, à l'égard des nuances claires et en suivant la méthode exposée plus loin, qui consiste à mélanger le vernis avec les matières, il faut, pour obtenir une belle peinture, appliquer le nombre de couches que nous indiquons, attendu que les dernières remplacent les couches de glacis ou de vernis à polir des teintes foncées, par la grande quantité de vernis dont elles sont composées.

Glacis. — Les glacis sont des couches légères et transparentes composées de couleurs d'une qualité supérieure qui donnent à celles sur lesquelles on les applique plus d'éclat, de brillant ou de vigueur.

Vernis à polir. — Nous suivons deux méthodes différentes pour l'emploi du vernis à polir ; l'une consiste à mélanger ce vernis avec les couleurs de teinte avant leur application ; l'autre, au contraire, consiste à donner la couche de vernis sur la couleur après son application. Pour toute peinture claire dont la nuance serait susceptible d'être ternie si l'on appliquait le vernis à polir à la surface nous suivons la première méthode. Nous mettons peu de vernis dans la première couche, mais nous augmentons progressivement la dose aux suivantes afin que la dernière soit employée presque comme glacis. Nous suivons, au contraire, la seconde méthode pour les couleurs foncées, attendu qu'elles n'ont rien à redouter à leur surface.

Polissage. — Le polissage a pour but d'unir complétement la surface des peintures ; on fait cette opération sur la couche de vernis à polir aux peintures foncées et sur la dernière couche de teinte ou de glacis aux peintures claires. Quand on veut obtenir de belles peintures, on exécute plusieurs polissages, en donnant pour chacun une nouvelle couche, qui se compose de vernis à polir lorsqu'il s'agit de couleurs foncées et de nouvelles couches de teinte, mais presque entièrement composées de vernis et appliquées comme glacis lorsqu'il s'agit de couleurs claires. On exécute le polissage à l'aide d'un morceau de drap sur lequel on applique de la ponce broyée à l'eau.

Réchampissage. — Les réchampissages, composés de bandes, de baguettes, de filets ou d'ornements quelconques, s'exécutent sur les fonds, soit avant, soit après le polissage de ceux-ci.

Sur quatre cas que présente l'exécution des peintures : 1° fond et réchampi de couleurs foncées ; 2° fond et réchampi de couleurs claires ; 3° fond foncé réchampi de couleurs claires ; 4° fond clair réchampi de couleurs foncées, il n'y a que dans le premier où l'on exécute les réchampis sur le fond avant le polissage. Dans les trois autres on les exécute après.

Dans tous les cas, les réchampis forment toujours une épaisseur, un relief sur le fond. C'est ce relief qui empêche d'exécuter le polissage sur le tout en même temps, c'est-à-dire sur le fond et sur les réchampis, car on userait les bords de ceux-ci pour atteindre le fond. Dans le premier cas, la couche de vernis que l'on donne avant le polissage remplit les vides et fait disparaître les reliefs; c'est ce qui permet d'exécuter le polissage sur le tout; mais dans les trois autres cas, les peintures renfermant des couleurs claires qui ne supportent pas le vernis à polir à leur surface, les reliefs des réchampis sur le fond subsistent toujours; c'est pourquoi on polit le fond avant l'exécution des réchampis et l'on donne ensuite sur ceux-ci un léger coup de chiffon en ayant soin de ne pas trop frotter sur les bords.

Les réchampis s'exécutant sur une base solide, on donne seulement le nombre de couches nécessaires pour couvrir le fond. Quand, par exemple, on exécute des réchampis de couleurs claires sur un fond foncé, il faut presque toujours trois couches pour le couvrir. Quand, au contraire, on exécute des réchampis de couleurs foncées, soit sur fond clair, soit sur fond foncé, bien souvent une couche seule suffit.

Le noir de fumée, par la finesse de son grain, a la propriété de couvrir d'une seule couche toutes les couleurs; aussi, pour les réchampis, nous l'employons préférablement au noir d'ivoire qui, en raison de sa nature poreuse, exige un arrêtage (couche de vernis), sans quoi il absorberait une partie du vernis en dernier ressort.

Le noir d'ivoire a, il est vrai, beaucoup plus d'éclat, de chaleur... que le noir de fumée, et c'est pourquoi, dans une belle peinture, on le préfère à ce dernier. Mais cette qualité du noir d'ivoire n'est perceptible que dans les surfaces un peu grandes : dans les réchampis composés de petites bandes, de baguettes et de filets qui sont réfléchis par l'éclat du fond, c'est à peine si le carrossier même peut distinguer l'un d'avec l'autre et c'est pourquoi, dans ces endroits et par économie, nous employons le noir de fumée. Seulement, à toutes les parties qui ont des surfaces un peu grandes comme les essieux, les frettes, les marchepieds, les supports... on emploie, pour une peinture riche, le noir d'ivoire.

Toutes les opérations que nous venons d'indiquer : couches d'impression, d'apprêt, de teinte, ponçages... ne sont pas applicables au dessous des caisses, de coffres ou de caves qui ne sont pas apparents. En ces endroits il suffit de donner une première couche de vieilles couleurs, une seconde couche en noir de fumée et une couche de vernis sur le tout.

Vernis en dernier ressort. — Enfin le vernis en dernier ressort est ainsi appelé, parce qu'il termine les peintures. (*Voir*, *pour plus de détails*, *le* Manuel de *M. Gastellier*.)

DES MATIÈRES

DE LEURS PROPORTIONS ET DU NOMBRE DE COUCHES

POUR L'EXÉCUTION DES PEINTURES SEMBLABLES AUX ÉCHANTILLONS.

N° 1. — Gris clair, pour les impressions et les premières couches de fond des peintures claires.

Composé de : blanc de céruse employé pur.

N° 2. — Jaune rouge, pour les apprêts.

Composé de : 2/3 d'ocre rouge et 1/3 de blanc de céruse (1).

N° 3. — Gris, pour les premières couches de fond des peintures foncées.

Composé : comme le n° 1 dans lequel on ajoute un peu de noir de fumée.

N° 4. — Rosé, pour les premières couches de fond des peintures rouges.

Composé : comme le n° 1 dans lequel on ajoute une parcelle (2) de vermillon.

N° 5. — Fond gris perle, réchampi, petite bande 59 (3).

Exécution du fond : deux premières couches n° 1 et trois autres couches du même dans lequel on ajoute du noir de fumée, une parcelle de bleu d'outre-mer et du vernis à polir (4).

N° 6. — Fond blanc d'argent, réchampi, large bande 59.

Exécution du fond : deux premières couches n° 1 et trois autres couches en blanc d'argent pur dans lesquelles on mélange le vernis à polir.

(1) Voir les notes à la fin.

2

N° 7. — **Fond blanc d'ivoire**, réchampi, baguette et filets détachés 28.

Exécution du fond : deux premières couches n° 4 et trois autres couches du même mélangées avec le vernis à polir.

N° 8. — **Fond jaune paille**, réchampi, petite bande et filets détachés 28.

Exécution du fond : deux premières couches n° 4 et trois autres du même dans lesquelles on ajoute une parcelle de jaune Spooner nuance claire bouton d'or n° 1, et l'on mélange le vernis à polir.

N° 9. — **Fond jaune jonc ou panama**, réchampi, large bande et filets rapprochés 52.

Exécution du fond : comme le n° 8, en remplaçant le jaune Spooner par une parcelle d'ocre jaune et de jaune orange clair.

N° 10. — **Fond jaune soufre**, réchampi, trois filets 52.

Exécution du fond : comme le n° 8, en remplaçant le jaune Spooner nuance claire bouton d'or n° 1 par du jaune Spooner nuance verdâtre.

N° 11. — **Fond jaune minéral**, réchampi, trois petites baguettes 40.

Exécution du fond : comme le n° 8, en remplaçant le jaune Spooner nuance claire bouton d'or n° 1 par du jaune Spooner nuance claire bouton d'or n° 2 et une parcelle de bleu d'outre-mer (5).

N° 12. — **Fond jaune d'Italie ou de Naples**, réchampi, deux petites baguettes et filet en dedans 40.

Exécution du fond : comme le n° 8, en remplaçant le jaune Spooner nuance claire bouton d'or n° 1 par du jaune Spooner bouton d'or n° 3 ou du jaune de Naples; mais ce dernier demande une couche de plus.

N° 13. — **Fond jaune jonquille Milori**, réchampi, deux petites baguettes et deux filets en dedans 59.

Exécution du fond : comme le n° 8, en remplaçant les trois dernières couches par trois autres en jaune jonquille Milori n° 1 employé pur.

N° 14. — **Fond jaune bouton d'or Spooner**, réchampi, bande 59 et filets détachés 52.

Exécution du fond : comme le n° 13, en remplaçant le jaune jonquille Milori n° 1 par du jaune bouton d'or Spooner n° 3.

N° 15. — **Fond jaune orange clair**, réchampi, bande 29, filet à cheval 7, filets détachés 52.

Exécution du fond : comme le n° 13, en remplaçant le jaune jonquille Milori n° 1 par du jaune orange clair.

N° 16. — Fond jaune orange moyen, réchampi, deux baguettes 29, bordées d'un filet jaune chaque côté 14.

Exécution du fond : comme le n° 13, en remplaçant le jaune jonquille Milori n° 1 par du jaune orange moyen.

N° 17. — Fond jaune orange foncé ou souci, réchampi, deux baguettes 29 et filet entre 7.

Exécution du fond : comme le n° 13, en remplaçant le jaune jonquille Milori n° 1 par du jaune orange foncé appelé souci.

N° 18. — Fond jaune chamois clair, réchampi, large bande 60 et filets rapprochés 35.

Exécution du fond : comme le n° 8, en remplaçant le jaune Spooner nuance claire bouton d'or n° 1 par du jaune orange souci et une pointe de vermillon.

N° 19. — Fond jaune chamois rosé, réchampi, bande 53.

Exécution du fond : comme le n° 18, en augmentant le jaune orange souci et le vermillon.

N° 20. — Fond jaune chamois orangé, réchampi, trois petites baguettes 59.

Exécution du fond : comme le n° 19, en augmentant encore le jaune orange souci et le vermillon.

N° 21. — Fond rouge ponceau, réchampi, petite bande 59.

Exécution du fond : première couche (6) n° 4 et trois autres couches en vermillon français ou d'Allemagne dans lesquelles on mélange le vernis à polir.

N° 22. — Fond rouge vermillon, réchampi, large bande 60.

Exécution du fond : comme le n° 21, en remplaçant, pour la dernière couche, le vermillon français ou d'Allemagne par du vermillon anglais nuance claire.

N° 23. — Fond cinabre, réchampi, petite baguette 53 et filets détachés 14.

Exécution du fond : comme le n° 22, en remplaçant le vermillon anglais nuance claire par du vermillon anglais nuance foncée.

N° 24. — Fond cramoisi ou groseille, réchampi, bande 29 et filets détachés 59.

Exécution du fond : comme le n° 23 plus un glacis de laque rose carminée.

N° 25. — Fond violet clair, réchampi, large bande et filets rapprochés 19.

Exécution du fond : première couche n° 1 et trois autres couches composées de 9/10 de blanc de céruse et 1/10 de laque violette Milori dans lesquelles on mélange le vernis à polir.

N° 26. — Fond violet foncé, réchampi, trois filets 17.

Exécution du fond : comme le n° 25, en changeant les proportions des matières pour les trois dernières couches comme suit : 7/10 de blanc de céruse et 3/10 de laque violette Milori.

N° 27. — Fond bleu de ciel, réchampi, trois petites baguettes 59.

Exécution du fond : première couche n° 3 et trois autres couches composées de 7/8 de blanc de céruse et 1/8 de bleu de France n° 2 dans lesquelles on mélange le vernis à polir.

N° 28. — Fond bleu porcelaine, réchampi, deux petites baguettes et filet en dedans 7.

Exécution du fond comme le n° 27, en changeant les proportions des matières pour les trois dernières couches comme suit : moitié blanc de céruse et moitié bleu de France n° 2 sans vernis à polir.

N° 29. — Fond bleu azuré, réchampi, large bande 60 et filets rapprochés 27.

Exécution du fond : première couche n° 3, deuxième fausse teinte (7) nuance du n° 27. troisième et quatrième en glacis de bleu de France n° 2.

N° 30. — Fond bleu de roi, réchampi, bande 23 et filets détachés 8.

Exécution du fond : comme le n° 29, en faisant la deuxième couche fausse teinte de la nuance du n° 28.

N° 31. — Fond bleu barbeau, réchampi, bande 14 et filets détachés 6.

Exécution du fond : comme le n° 27, en remplaçant les trois dernières couches par une couche de bleu de Prusse sur laquelle on applique un glacis de bleu de France n° 1.

N° 32. — Fond bleu œil de corbeau, réchampi, deux baguettes 28 et filets en dedans 15.

Exécution du fond : un glacis de bleu de France n° 1 sur le fond du n° 59.

N° 33. — Fond vert d'eau clair, réchampi, petite bande 59.

Exécution du fond : première couche n° 1 et trois autres couches du même dans lequel on ajoute 1/100 environ de vert Milori nuance foncée et le vernis à polir.

N° 34. — Fond vert d'eau moyen, réchampi, large bande 60.

Exécution du fond : comme le n° 33, en changeant les proportions des matières aux trois dernières couches comme suit : 19/20 de blanc de céruse et 1/20 de vert Milori nuance foncée.

N° 35. — Fond vert d'eau foncé, réchampi, petite baguette et filets détachés 7.

Exécution du fond : comme le n° 33, en changeant les proportions des matières aux trois dernières couches comme suit : 4/5 de blanc de céruse et 1/5 de vert Milori nuance foncée.

N° 36. — **Fond vert pomme**, réchampi, petite bande et filets détachés 59.

Exécution du fond : première couche n° 1 et trois autres couches composées de 5/6 de jaune bouton d'or Spooner nuance claire n° 1 et 1/6 de vert émeraude n° 3 dans lesquelles on ajoute le vernis à polir.

N° 37. — **Fond vert olive feuille morte**, réchampi, large bande 60 et filets détachés 21.

Exécution du fond : première couche n° 3 et les trois autres en vert olive feuille morte employé pur.

N° 38. — **Fond vert olive verte**, réchampi, trois filets 36.

Exécution du fond : comme le n° 37, en remplaçant le vert olive feuille morte par du vert olive verte.

N° 39. — **Fond vert olive pourrie**, réchampi, trois petites baguettes 17.

Exécution du fond : première couche n° 3 et trois autres couches composées comme suit : 8/20 de vert olive feuille morte, 11/20 de japon et 1/20 de jaune orange souci.

N° 40. — **Fond vert myrte orangé**, réchampi, deux petites baguettes et filet en dedans 15.

Exécution du fond : première couche n° 3, deuxième noir ou fausse teinte, troisième vert émeraude n° 2 dans lequel on ajoute une parcelle de jaune orange nuance claire.

N° 41. — **Fond vert myrte**, réchampi, deux petites baguettes et filets en dedans 7.

Exécution du fond : première couche n° 3, deuxième noir ou fausse teinte, troisième vert émeraude n° 2, quatrième glacis de vert gris.

N° 42. — **Fond vert émeraude**, réchampi, bande 40, filets détachés 14.

Exécution du fond : première couche n° 3, deuxième vert émeraude n° 1, troisième glacis de vert de gris.

N° 43. — **Fond vert impérial français**, réchampi, bande et filets détachés 23, filet à cheval sur la bande 7.

Exécution du fond : première couche n° 3, deuxième noir ou fausse teinte, troisième vert émeraude n° 3.

N° 44. — **Fond vert russe**, réchampi, bande camaïeu (8) vert émeraude n° 2.

Exécution du fond : première couche n° 3, deuxième noir ou fausse teinte, troisième vert émeraude n° 3 dans lequel on ajoute quelques gouttes de japon et une parcelle de noir d'ivoire.

N° 45. — **Fond vert dragon ou bouteille**, réchampi, bande 7 et filets rapprochés 37.

Exécution du fond : comme le n° 44, en remplaçant le vert émeraude n° 3 par du vert émeraude n° 2.

N° 46. — **Fond vert bronze,** réchampi, petite bande 23 et filets détachés 14.

Exécution du fond : comme le n° 44, en remplaçant le vert émeraude par du vert olive feuille morte, et le noir d'ivoire par du jaune souci.

N° 47. — **Fond vert myrte foncé,** réchampi, trois petites baguettes 40.

Exécution du fond : comme le n° 44, en supprimant le japon. On obtiendra un fond plus riche en ajoutant un glacis de vert de gris.

N° 48. — **Fond vert tête de nègre,** réchampi, deux petites baguettes 23 et filets entre 6.

Exécution du fond : première couche n° 3, deuxième noir ou fausse teinte, troisième mélangée comme suit : 12/20 de noir d'ivoire, 4/20 de vert olive feuille morte, 2/20 de brun carmélite et 2/20 de japon.

N° 49. — **Fond brun tabac havane clair,** réchampi, petite bande et filets détachés 59.

Exécution du fond : première couche n° 3 et les deux autres composées comme suit : 9/10 de jaune souci et 1/10 de brun carmélite.

N° 50. — **Fond brun tabac d'Espagne,** réchampi, large bande 60 et filets rapprochés 7.

Exécution du fond : première couche n° 3 et deux autres couches composées comme suit : 12/20 de jaune souci, 4/20 de brun carmélite et 4/20 de noir d'ivoire.

N° 51. — **Fond brun tabac havane foncé,** réchampi, petite bande 50 et filets détachés 7.

Exécution du fond : première couche n° 3 et deux autres couches composées comme suit : 9/20 de jaune souci, 9/20 de noir d'ivoire, 1/20 de japon et 1/20 de brun carmélite.

N° 52. — **Fond brun chocolat ou carmélite,** réchampi, petite bande 23 et filets détachés 7.

Exécution du fond : première couche n° 3, deuxième fausse teinte, troisième composée comme suit : 27/30 de brun carmélite, 2/30 de jaune orange foncé et 1/30 de noir d'ivoire.

N° 53. — **Fond brun cerise ou sang de bœuf,** réchampi, deux petites baguettes et filets en dedans 7.

Exécution du fond : première couche n° 3, deuxième brun carmélite employé pur, troisième glacis de laque de cochenille carminée.

N° 54. — **Fond brun marron,** réchampi, petite bande et filets détachés 23.

Exécution du fond : première couche n° 3 et deux autres couches composées comme suit : 12/20 de brun carmélite violeté, 6/20 de noir d'ivoire et 2/20 de laque de cochenille carminée.

N° 55. — **Fond brun grenat ou raisin de Corinthe,** réchampi, petite bande 50 et filets détachés 23.

Exécution du fond : première couche n° 3, deuxième composée, moitié brun carmélite et moitié noir de fumée, troisième glacis de laque de cochenille carminée.

N° 56. — **Fond brun terre d'ombre naturelle,** réchampi, bande 7 et filets détachés 28.

Exécution du fond : première couche n° 3, deuxième fausse teinte, troisième terre d'ombre naturelle employée pure.

N° 57. — **Fond brun terre d'ombre calcinée,** réchampi deux baguettes 50 et filet entre 8.

Exécution du fond : comme le n° 56, en remplaçant la terre d'ombre naturelle par de la terre d'ombre calcinée.

N° 58. — **Fond brun cuba,** réchampi, petite bande 7 et filets détachés 50.

Exécution du fond : première couche n° 3, deuxième noir ou fausse teinte, troisième composée comme suit : 15/20 de noir d'ivoire, 4/20 de brun carmélite et 1/20 de japon.

N° 59. — **Fond noir de fumée,** réchampi, trois gros filets 18.

Exécution du fond : première couche n° 3 et les deux autres en noir de fumée pur.

N° 60. — **Fond noir d'ivoire,** réchampi, large bande et filets détachés 50.

Exécution du fond : comme le n° 59, en remplaçant la dernière couche en noir de fumée par du noir d'ivoire.

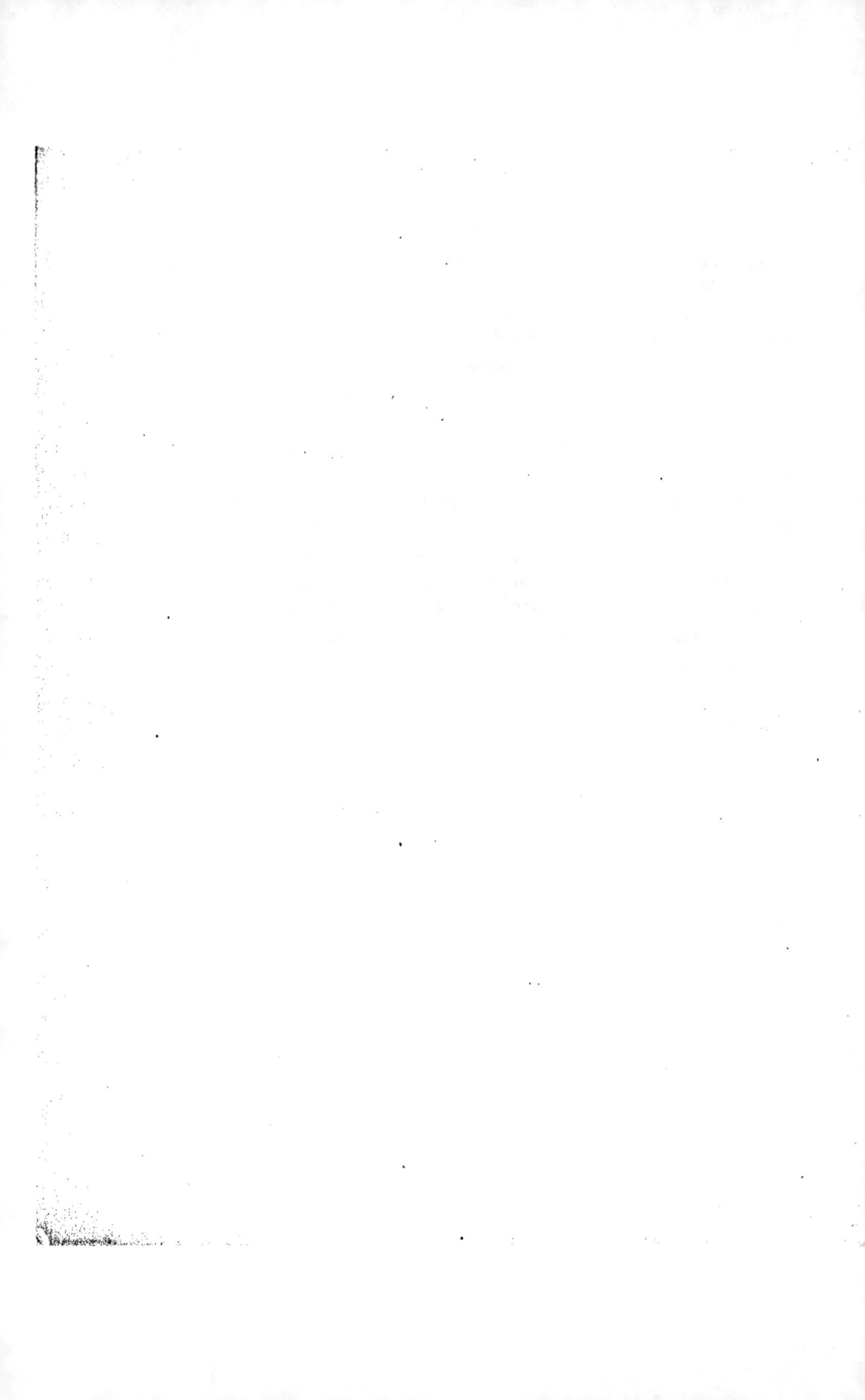

PRIX APPROXIMATIF

DU KILO DES MATIÈRES EMPLOYÉES POUR L'EXÉCUTION DES PEINTURES

---

	fr. c.	fr. c.
Blanc de plomb en pain .. ⎱ de..................	1 » à » »	
— en poudre ⎰		
Ocre rouge ⎱ de	» 30 » 50	
Ocre jaune ⎰		
Noir de fumée, de................................	2 »	3 »
Blanc d'argent, de...............................	1 50	2 »
Blanc de zinc (1).................................	» »	1 »
Jaune Spooner nuance claire bouton d'or n° 1.		
Jaune Spooner nuance claire bouton d'or n° 2.		
Jaune Spooner bouton d'or n° 3.............		
Jaune Spooner nuance verdâtre.............		
Jaune Milori, jonquille n° 1................ ⎱ de......	4 50	5 »
Jaune de Naples.......................		
Jaune orange clair......................		
Jaune orange pur.......................		
Jaune orange foncé ou souci.............		
Rouge ponceau-vermillon français, de................	8 »	10 »
Rouge ponceau-vermillon d'Allemagne, de..............	10 »	12 »
Rouge cinabre clair-vermillon anglais clair, de	11 »	14 »
Rouge cinabre foncé-vermillon anglais foncé, de.........	11 »	14 »
Bleu de France ou d'outre-mer factice, première qualité....	4 »	5 »
— — — — deuxième qualité...	2 »	2 50
Bleu de Prusse, de................................	7 »	12 »
Bleu d'outre-mer (Guimet n° 1) pour glacer, de...........	10 »	12 »
Vert d'eau foncé Milori de trois nuances, de..............	6 »	7 »
Vert olive verte, de................................	2 »	3 »
Vert olive feuille morte.... ⎱		
Vert émeraude, n° 1 clair..		
— — n° 2 moyen ⎰ de....................	2 »	3 »
— — n° 3 foncé.		
Vert de gris ordinaire.....		
— — cristalisé en grappe, de....................	5 »	6 »
Brun carmélite ou Van Dyck.......................	» »	1 50
— — violeté........................	» »	2 50
Terre d'ombre naturelle, de.....................	1 50	2 »
— calcinée, de.........................	1 50	2 »
Noir d'ivoire en pain, de.........................	1 75	2 »
Laque rose pour les rouges.....................	» » 100 »	
Laque de cochenille carminée.....................	» » 18 »	
Laque violette Milori.............................	» » 60 »	

(1) On pourrait l'employer sur les réchampis comme glacis.

3

NOTES

(1) Les proportions pour les mélanges sont prises au poids et non au volume; par exemple, s'il s'agissait de préparer 300 grammes d'apprêt, d'après les proportions indiquées, il entrerait 200 grammes d'ocre rouge et 100 grammes de blanc de céruse.

Dans son *Manuel*, M. Gastellier avait indiqué l'ocre jaune pour les apprêts, mais il a reconnu que l'ocre rouge était préférable.

On trouvera quelques différences dans les proportions indiquées, en certains endroits, au *Manuel* précité et dans ce *Carnet* ; elles proviennent en partie de ce que M. Gastellier avait établi ses proportions au volume, tandis qu'ici elles sont données au poids.

(2) Par *parcelle* nous entendons une quantité trop petite pour qu'elle puisse être pesée, et par *pointe* une quantité moindre encore.

(3) Les numéros placés à la suite des mots bande, baguette ou filet, indiquent les échantillons dont le fond est de même nuance, par exemple, la bande du n° 5 doit être exécutée comme les dernières couches du fond n° 59.

(4) C'est dans les trois dernières couches des couleurs claires qui ne supportent pas le vernis à polir à leur surface qu'on l'ajoute en augmentant la dose à chacune, de façon que la deuxième soit plus brillante que la première et la troisième plus brillante que la deuxième; nous suivons cette méthode pour tous les fonds clairs depuis le n° 5 jusque y compris le n° 27 plus les n°ˢ 33, 34, 35 et 36. On peut toutefois s'en dispenser aux rouges qui peuvent supporter le vernis à polir à leur surface.

(5) Nous préférons produire le jaune minéral par des mélanges que de le produire par la matière connue sous ce nom dans le commerce, attendu qu'elle est trop difficile à broyer.

(6) Ici nous donnons une couche de moins qu'aux numéros précédents; c'est parce qu'il s'agit d'une couleur qui ne s'emploie jamais sur un fond de caisse mais toujours sur les trains. Cette remarque est applicable à toutes les autres peintures.

(7) Les fausses teintes sont faites, par économie, avec des matières d'un prix modique; aussi, comme l'indique leur nom, elles manquent de brillant et d'éclat, mais les couches de glacis que l'on applique dessus leur donnent ce qui leur manquent.

(8) On donne le nom de **camaïeu** à un genre de peinture dans lequel le réchampi et le fond sont de la même couleur graduée de différents tons.

PUBLICATIONS DIVERSES

JOURNAL LE GUIDE DU CARROSSIER. CINQ MODES

PREMIER MODE

GRAND ET DEMI-LUXE

Comprenant par année :

1° Six livraisons de huit pages grand in-4° jésus, texte français ou allemand, paraissant les 15 février, avril, juin, août, octobre et décembre. Chaque livraison renferme quatre dessins de voitures insérés dans le texte avec les tableaux des dimensions des pièces principales qui entrent dans la construction.

2° Trente-six dessins de voitures coloriés et tirés sur des feuilles séparées (1).

3° Trois planches d'épures, demi-jésus (2).

4° Douze planches d'armoiries et chiffres in-4° jésus, en couleur, renfermant 60 figures telles qu'elles doivent être exécutées sur les voitures.

5° Six échantillons de peintures.

6° Trois planches de sellerie-harnais en couleur.

Toutes ces matières sont traitées par des artistes qui ont travaillé longtemps ou travaillent encore dans l'industrie de la carrosserie. Le texte renferme des descriptions sur les modes nouvelles de Paris et de Londres et sur tous les faits de quelque valeur qui intéressent le fabricant ou le consommateur. Les articles, les méthodes, les planches d'épures traitées par des professeurs qui depuis longtemps se sont livrés à l'enseignement, font en outre de cette publication une espèce de manuel où s'instruisent un grand nombre d'industriels de la carrosserie.

Prix de l'abonnement d'une année : France, 60 fr. — Europe, 65 fr. — Pays transatlantiques, 70 fr.

DEUXIÈME MODE

DEMI-LUXE

Comprenant par année :

1° Les six livraisons mentionnées dans le premier mode.

2° Les vingt-quatre dessins insérés dans le texte, tirés en couleur sur des feuilles séparées.

3° Les trois planches d'épures demi-jésus, du premier mode.

4° Deux ou trois échantillons de peintures.

5° Quelques planches comme échantillon soit d'armoiries ou de chiffres, de sellerie-harnais ou autres.

Prix de l'abonnement d'une année : France, 24 fr. — Étranger, 30 fr.

TROISIÈME MODE

SIMPLE

Comprenant par année :

Les six livraisons et les trois planches d'épures demi-jésus mentionnées dans le premier mode.

Prix de l'abonnement d'une année : France, 15 fr. — Étranger, 18 fr.

(1) Vingt-quatre de ces dessins sont semblables à ceux qui sont insérés dans le texte, les douze autres sont des dessins de voitures de grand luxe.

(2) Pendant que paraîtra le *Traité de menuiserie en voitures* il ne sera pas donné de planches d'épures sur feuilles séparées autres que celles appartenant à ce traité.

QUATRIÈME MODE

ABONNEMENT POUR LA PEINTURE

Comprenant par année :

Les douze planches d'armoiries et chiffres, et les six échantillons de peintures mentionnés dans le premier mode.

Prix de l'abonnement d'une année : France, 20 fr. — Étranger, 24 fr.

CINQUIÈME MODE

ABONNEMENT POUR LA SELLERIE-HARNAIS

Comprenant par année :

Six planches de sellerie-harnais, demi-jésus, noir.

Prix de l'abonnement d'une année : France, 12 fr. — Étranger, 15 fr.

NOTA. — Les abonnements des 4e et 5e modes sont expédiés par semestre.

PUBLICATIONS EN MAGASIN

DESSINS DE VOITURES.

Mille modèles différents de voitures de luxe, de commerce et de services publics, du prix de, chacun :

Noir. . . . . 1 franc.
Colorié. . . . . 2 francs.

excepté les grandes voitures de gala et les omnibus au-dessus de dix places, dont le prix varie suivant l'importance.

PLANCHES D'ÉPURES.

Prix chacune, depuis. 1 fr. 50 c.

MANUEL COMPLET DU PEINTRE EN VOITURES DE GASTELLIER

Traitant des impressions, couches d'apprêt, ponçage, préparation des caisses, mastics, couches de teinte, matières à employer pour la composition des teintes, liquides, composition, préparation et mélanges des matières, manière d'exécuter les fonds de peintures de diverses nuances, polissages, réchampissages, vernis en dernier ressort, etc., etc.

Prix en magasin. 3 fr.
Envoi par la poste pour la France . . . . 3 fr. 25
Envoi par la poste pour l'étranger . . . . 3 fr. 50

ÉCHANTILLONS DE PEINTURES EXÉCUTÉS A LA MAIN

Il y a en magasin un immense choix de mille sortes d'échantillons des peintures les plus nouvelles, dont les réchampis, variés à l'infini, s'harmonisent parfaitement avec les nuances des fonds.

Prix : la demi-douzaine. . . . . 3 fr.

LE CARNET DU PEINTRE EN VOITURES

PAR MM. B. THOMAS ET GASTELLIER

Cet ouvrage est composé de soixante-quatre échantillons de peintures, savoir : 2 de couches d'apprêt, 2 de premières couches de teinte, 2 blancs, 1 gris-perle, 13 jaunes, 4 rouges, 2 violets, 6 bleus, 16 verts, 10 bruns, 2 noirs et 4 camaïeux, exécutés à la main par M. Gastellier. Ces échantillons renferment les plus belles peintures qui ont été exécutées depuis quarante ans. Les réchampis y sont variés de plusieurs manières et leurs couleurs sont choisies, autant qu'il était possible de le faire, pour donner le plus de variété possible sans nuire à l'harmonie qui doit exister entre les nuances du fond et du réchampi.

Ces soixante-quatre échantillons sont tous numérotés et renfermés dans un album, en papier noir velouté, semblable aux albums de photographie. Une brochure annexée à cet album donne l'ordre et le nombre de couches qu'il faut appliquer pour l'exécution de chaque peinture ainsi que la nature des matières et leurs proportions pour les peintures où elles sont mélangées.

Avec ces indications, il sera facile de reproduire exactement la nuance de ces échantillons ou de faire des nuances intermédiaires, puisqu'il n'y aura qu'à changer les proportions ou à ajouter d'autres matières dont on connaît les nuances.

Aussi cet album est un véritable carnet d'atelier, un guide pratique qui s'adresse à tous les industriels de la carrosserie et à tous ceux que la peinture des voitures intéresse, ne serait-ce que pour faire un choix.

Prix du carnet . . . . 45 francs.

Le même carnet avec 60 échantillons réduits d'un tiers.

Album papier blanc. . . . . 25 francs.

LES DOUZE PLUS BELLES PEINTURES DE L'EXPOSITION UNIVERSELLE DE 1867

L'administration du *Guide du Carrossier* a publié une collection de douze échantillons des plus belles peintures de l'EXPOSITION UNIVERSELLE de 1867, ce sont : un jaune d'or, un vermillon, un bleu de Paris, deux vert olive, un vert émeraude, un vert mousse, trois nuances tabac, un brun glacé et un noir d'ivoire. Les réchampis de ces échantillons sont d'un haut goût et très-simples. Les matières qui entrent dans la composition de chaque peinture et les proportions où elles sont mélangées sont décrites dans une feuille annexée à ces douze échantillons.

Les abonnés au *Guide du Carrossier*, de la France, la Suisse, la Belgique et l'Italie, qui adresseront un mandat-poste de 6 fr. 50 à l'administration recevront immédiatement ces douze échantillons franco par la poste. Les abonnés des autres pays où les échantillons de marchandises sont reçus à la poste les recevront contre une valeur de 7 francs négociable à Paris.

PLANCHES D'ARMOIRIES ET CHIFFRES

PREMIÈRE SÉRIE.

La collection des planches d'armoiries et chiffres par Callot, que publie le *Guide du Carrossier*, sera composée de soixante-dix planches renfermant chacune cinq figures dont quatre chiffres dans les angles, une arme, une jarretière, un écusson, etc., au milieu. Cette collection renfermera toutes les lettres de l'alphabet entrelacées deux à deux, les armes des grandes monarchies, de quelques grandes familles et de quelques grandes villes, toutes les couronnes ; les animaux et figures héraldiques qui rentrent dans la composition des armes. Les planches sont imprimées en couleurs sur fond de peinture de différentes couleurs imitant les panneaux de voitures ; elles paraîtront en trois séries.

La première série est entièrement publiée, elle comporte dix-neuf planches renfermant, outre les armes de France et britanniques, plusieurs sujets variés au milieu ; les trois premières lettres A B C de l'alphabet entrelacées avec toutes les autres et la lettre D entrelacée avec les premières jusqu'à la lettre N. Sous le rapport des chiffres, cette première série forme donc un ouvrage complet puisqu'on y trouve toutes les lettres.

Ces dix-neuf planches en couleurs, brochées sur onglet . . . . . 35 francs.

—   —   cartonnées . . . . 37 fr. 50 c.

Les mêmes en noir brochées sur onglet. . . . . 12 francs.

PLANCHES DE SELLERIE-HARNAIS

Magnifique collection sur format raisin et grand-aigle, tirée sur papier de Chine et coloriée avec grand soin.

HARNAIS DESSINÉS PAR LÉNÉ ET JANSON, SELLIERS-HARNACHEURS

CHEVAUX DESSINÉS ET LITHOGRAPHIÉS PAR ALBERT ADAM, ARTISTE.

	Format raisin grand-aigle, papier de Chine colorié.	Format demi-jésus, noir.
Tenue mixte de S. M. Napoléon III.	5 fr.	2 fr.
Harnais à un cheval fort.	5	2
—— moyen.	5	2
—— plus léger.	5	2
Couverture, petite et grande tenue, 4 planches: chacune	5	2
Harnais de poste, deux chevaux.	6	2
— de demi-poste avec selle.	6	2
— de poste, quatre chevaux.	20	»
— de sortie, dit carrossiers, deux chevaux	6	2
— de phaéton, deux chevaux.	6	2
— de Daumont, quatre chevaux.	20	»
— de demi-Daumont, deux chevaux.	6	2
— attelage à grandes guides, quatre chevaux.	20	»
— attelage en tandem, deux chevaux.	20	»
— de jockey.	5	2
— de cérémonie, deux chevaux.	6	2
— trotteur américain.	5	2
— selle anglaise.	5	2
— selle de dame.	5	2

Les vingt-deux planches de harnais mentionnées ci-dessus, en couleurs, reliées en album, grand format raisin, montées sur onglets et sur toile . . . . 150 francs,

Les mêmes planches en photographies collées sur bristol, reliées, montées sur onglet et sur toile, grand format. . . . . 35 francs.

petit format 25

PLANS DE VOITURES, DE CAISSES ET DE TRAINS

EN GRANDEUR D'EXÉCUTION.

Quoique l'administration du *Guide du Carrossier* ait cédé son atelier de plans en grandeur d'exécution à M. Albert Dupont, elle se charge toujours de recevoir les commandes qui lui sont adressées et de les transmettre à son successeur. Il est envoyé un prix courant des plans en grand à toute personne qui en fait la demande.

AVIS. — Pour tous les modes d'abonnement et les autres articles, envoyer avec la lettre de commande un mandat-poste du montant ; le talon remis au déposant lui sert de reçu.

Paris. — Imprimerie Adolphe Lainé, rue des Saints-Pères, 19.

PARIS
ADOLPHE LAINÉ
Imprimeur
rue des S.-Pères,
19.